BEI GRIN MACHT SICH IHR WISSEN BEZAHLT

- Wir veröffentlichen Ihre Hausarbeit,
  Bachelor- und Masterarbeit

- Ihr eigenes eBook und Buch -
  weltweit in allen wichtigen Shops

- Verdienen Sie an jedem Verkauf

Jetzt bei www.GRIN.com hochladen und kostenlos publizieren

Johannes Aicher

Thermodynamische Kreisprozesse und ihre theoretischen Grundlagen

GRIN Verlag

Bibliografische Information der Deutschen Nationalbibliothek:

Die Deutsche Bibliothek verzeichnet diese Publikation in der Deutschen National-
bibliografie; detaillierte bibliografische Daten sind im Internet über http://dnb.d-
nb.de/ abrufbar.

Impressum:

Copyright © 2013 GRIN Verlag GmbH
Druck und Bindung: Books on Demand GmbH, Norderstedt Germany
ISBN: 978-3-656-59378-2

Dieses Buch bei GRIN:

http://www.grin.com/de/e-book/268351/thermodynamische-kreisprozesse-und-ihre-
theoretischen-grundlagen

GRIN - Your knowledge has value

Der GRIN Verlag publiziert seit 1998 wissenschaftliche Arbeiten von Studenten, Hochschullehrern und anderen Akademikern als eBook und gedrucktes Buch. Die Verlagswebsite www.grin.com ist die ideale Plattform zur Veröffentlichung von Hausarbeiten, Abschlussarbeiten, wissenschaftlichen Aufsätzen, Dissertationen und Fachbüchern.

Besuchen Sie uns im Internet:

http://www.grin.com/

http://www.facebook.com/grincom

http://www.twitter.com/grin_com

Wilhelmsgymnasium
München

Jahrgang 2012/2014
Abgabetermin: 12.11.2013

Thermodynamische Kreisprozesse und ihre theoretischen Grundlagen

Seminararbeit
im wissenschaftspropädeutischen Seminar
mit dem Rahmenthema
Experimentelles Praktikum, Ergebnisse kritisch beurteilen
Leitfach Physik

von

Johannes Aicher

Inhaltsverzeichnis

1 Einleitung: Historischer Überblick über die Entwicklung der Thermodynamik

Das Lexikon „Der Brockhaus" bezeichnet die Thermodynamik als ein „Teilgebiet der Physik, das sich mit Wärmeerscheinungen, insbesondere der Umwandlung von Wärme in eine andere Energieform (oder umgekehrt), befasst." [1] Doch Thermodynamik umfasst viel mehr als nur physikalische Formeln, für Laien unverständliche Sätze oder Begriffe, die im gewöhnlichen Sprachgebrauch nicht verwendet werden. Die Entdeckung thermodynamischer Vorgänge und vor allem ihre Nutzung hat das Leben der Menschen gewaltig verändert. Mit der Konstruktion der ersten Dampfmaschine durch Thomas Newcomen 1712 [2] begann eine beispiellose Entwicklung in der Weltgeschichte. Die Verbesserungen von James Watt rund 60 Jahre später ebneten den Weg zur Industrialisierung. Anfangs nur als Wasserpumpe verwendet, eroberte die Dampfmaschine schnell andere Einsatzgebiete: In der Textilindustrie ermöglichte sie schnelleres und arbeitssparendes Weben, daneben erlaubte sie als Dreschmaschine, die Nahrungsmittelproduktion erheblich zu steigern. Nach weiteren Verbesserungen war die Fortbewegung in Dampfschiffen ab 1783 und in Dampflokomotiven ab 1825 keine Unmöglichkeit mehr. Dadurch wurde das Reisen, wie wir es kennen, erst realisierbar. Entfernungen stellten nicht mehr unüberwindbare Hindernisse und Wirtschaftsschranken dar. Spätestens jetzt war der Siegeszug thermodynamischer Kreisprozesse nicht mehr aufzuhalten, obwohl diese anfangs auch Wissenschaftlern unerklärbar waren, bis der Franzose Sadi Carnot die physikalischen Vorgänge in der Dampfmaschine 1824 untersuchte und daraufhin den carnotschen Kreisprozess entwickelte. Um 1850 gelangen dann weitere Durchbrüche in der physikalischen Beschreibung von thermodynamischen Vorgängen: die ersten beiden Hauptsätze der Thermodynamik wurden aufgestellt. 1886 kam der Konstrukteur Carl Benz auf die Idee, einen Motor in ein Fahrzeug einzubauen. Im selben Jahr baute Gottlieb Daimler eine motorbetriebene Kutsche, damit legten beide den Grundstein für das Automobil. Zur selben Zeit erforschte unter anderem Ludwig Boltzmann die Thermodynamik auf Teilchenebene. Heute gibt es über eine Milliarde Kraftfahrzeuge auf der Welt, die Zahl der nach Kreisprozessen laufenden Maschinen ist nochmals größer. Ob handtellergroße Stirlingmotoren, die bei geringsten Temperaturunterschieden funktionieren oder aber gewaltige Turbinen in Kraftwerken, die Leistungen im Gigawattbereich liefern – mithilfe eines Kreisprozesses können alle diese Vorgänge beschrieben werden. Die Industrialisierung, unser modernes Leben wäre ohne das Verständnis und die Anwendung von thermodynamischen Abläufen und Prozessen unmöglich – dennoch sind sie vielen Menschen unbekannt. Daher sollen hier die thermodynamischen Vorgänge, die sich hinter Kreisprozessen verbergen, genauso aufgezeigt werden wie praktische Beispiele anhand des Stirlingmotors und der Dampfmaschine.

---

[1] *Der Brockhaus – Lexikon in 5 Bänden* [5], Stichwort „Thermodynamik"
[2] siehe Internetquellen [I]

2 Theoretische Betrachtungen zur Wärmelehre

2.1 Zustandsgleichung idealer Gase

Lange Zeit war der Begriff der Wärme schwer verständlich und physikalisch nicht erklärbar. Im 18. Jhd. erklärte die Wissenschaft mithilfe der sog. „Phlogistontheorie" Wärme, der zufolge es in jedem Körper einen Wärmestoff (Phlogiston) gibt. Diese Substanz stellt quasi die Temperatur dar, die ein Körper enthält. Diese Theorie wurde jedoch ad absurdum geführt durch die mechanische Wärmetheorie, welche im 19. Jhd. insbesondere von Krönig, Clausius, Maxwell und Boltzmann aufgestellt und ausgebaut wurde. [3]

Zur einfachen mathematischen Beschreibung der Wärmeerscheinungen wurde das sogenannte „ideale Gas" eingeführt. Ein ideales Gas zeichnet sich auf Teilchenebene dadurch aus, dass die Teilchen punktförmig, also ausdehnungslos, sind. Außerdem üben die Teilchen keine Kräfte aufeinander aus. Reale Gase verhalten sich insbesondere bei Temperaturen nahe des Siedepunkts anders als ein ideales Gas, auch wenn z. Bsp. Helium einem idealen Gas so nahe kommt, dass es zur Temperaturdefinition genutzt wird. Da die kinetische Theorie der Wärme nur bedingt thermodynamische Kreisprozesse betrifft, wird hier nicht ausführlich auf die mathematische Beschreibung derselben eingegangen; Wichtig ist aber der Aspekt, dass sich mit Hilfe eines idealen Gases die Beziehungen der Zustandsgrößen Druck, Volumen und Temperatur zueinander ausdrücken lassen. Diese lassen sich in folgender Gleichung zusammenfassen: [4]

$$\frac{p_1 V_1}{T_1} = \frac{p_2 V_2}{T_2} \quad \text{oder} \quad \frac{p \cdot V}{T} = const.$$

Diese Gleichung ist als **allgemeine Gasgleichung** bekannt. Die Herleitung der Formel aus den Gasgesetzen von Boyle-Mariotte und Gay-Lussac findet sich im Anhang.

Nach dem Gesetz von Avogadro nimmt eine bestimmte Teichenzahl eines Gases unter Normalbedingungen ($p = 1013$ hPa, $T = 273, 15$ K) immer dasselbe Volumen ein: so hat die Stoffmenge 1 mol immer ein Volumen von 22,414 l. Damit liegt es nahe, mit Hilfe dieses Wertes die Konstante der allgemeinen Gasgleichung zu berechnen:

$$R = \frac{p_0 \cdot V_0}{T_0} = \frac{1013 \cdot 10^2 \text{ N} \cdot \text{m}^{-2} \cdot 22,414 \text{ m}^3 \cdot \text{mol}^{-1}}{273,15 \text{K}} = 8,31 \text{ J} \cdot \text{mol}^{-1} \cdot \text{K}^{-1}$$

R heißt **universelle Gaskonstante**. Sie hat die Einheit $[R] = $ J $\cdot$ mol$^{-1} \cdot$ K^{-1}.

Offensichtlich ist die allgemeine Gasgleichung abhängig von der Teilchenzahl n. Dies berücksichtigt die **universelle Gasgleichung**:

$$pV = nRT \tag{1}$$

2.2 Wärmemenge, spezifische Wärme

Die kinetische Gastheorie, auf die im vorhergehenden Abschnitt kurz eingegangen wurde, ist nicht nur deshalb von Bedeutung, weil sie das ideale Gas einführte. Vielmehr zeigt die kinetische Deutung der Wärmevorgänge, dass die Wärme eine Energie ist, die auf die drei Grundgrößen

---

[3]siehe u. a. Hahne [1] S. 58 und Internetquellen [II]
[4]siehe u. a. Kuhn [2] S. 51, Lindner [4] S. 195 und Internetquellen [III]

Länge, Masse und Zeit zurückgeführt werden kann, also die Umwandlung in andere Energieformen möglich ist.[5] Lange wurde dies angezweifelt, die Wärme wurde für etwas anderes als die mechanische Energie gehalten, was allein schon dadurch gezeigt wird, dass die Einheit für die Energiemenge eines Körpers bis 1977 die Kalorie war.

Oft hört man, dass sich Erde schneller abkühlt als Wasser, weshalb Temperaturschwankungen in meernahen Gebieten meist geringer ausfallen als im Landesinneren. Offensichtlich benötigt man für dieselbe Temperaturerhöhung unterschiedliche Wärmemengen. Die zur Erwärmung eines Körpers nötige Wärmemenge ist von der Beschaffenheit des Stoffes, seiner Masse und natürlich der Differenz zwischen Anfangs- und Endtemperatur abhängig, berechnet sich also folgendermaßen: [6]

$$\delta Q = cm \cdot \mathrm{d}T \qquad (2)$$

c ist die **spezifische Wärmekapazität**; sie zeigt an, wie viel Energie zugeführt werden muss, um ein Kilogramm eines Materials um ein K zu erhöhen, die Einheit ist also: $[c] = \mathrm{J \cdot kg^{-1} \cdot K^{-1}}$.
Verwendet man statt der Masse die Teilchenzahl, schreibt man C_m (der Index m steht für „Mol"), die Einheit ändert sich entsprechend; dann gilt: $\delta Q = C_m n \cdot \delta T$.
Dabei muss beachtet werden, ob die Temperaturerhöhung bei konstantem Druck oder bei konstantem Volumen vorgenommen wird: c_v (bzw. $C_{m,v}$) gilt für $V = const.$, c_p (und $C_{m,p}$) bei $p = const.$; beim Vergleich beider Kostanten fällt auf, dass immer gilt: $c_p > c_v$.
Dies zeigt, dass sich eine Gasmenge bei konstantem Volumen stärker erwärmt als bei konstantem Druck, wenn jeweils dieselbe Wärmemenge zugeführt wird; diese Erscheinung lässt sich damit erklären, dass bei konstantem Druck, also bei Ausdehnung des Gases, dieses gegen den Umgebungsdruck arbeitet, also Energie „verbraucht" wird.

2.3   1. Hauptsatz der Thermodynamik

Bereits im vorhergehenden Abschnitt wurde erläutert, dass die Wärmemenge, die einem Körper zugeführt wird, eine Energieform ist. Folglich hat dieser Körper eine Gesamtenergie, die als **innere Energie** U bezeichnet wird. Bei einem idealen Gas ist diese die Summe der kinetischen Energien aller Teilchen. Selbstverständlich gilt auch für Gase der Energieerhaltungssatz, d. h. wird die innere Energie U eines Gases erhöht, muss dafür entweder mechanische Arbeit W verrichtet worden sein (meist durch Kompression), oder dem Gas wurde eine Wärmemenge Q zugeführt. Diesen Zusammenhang erläutert der **1. Hauptsatz der Thermodynamik:**

$$\Delta U = \Delta Q + \Delta W$$

Hier werden nur geschlossene, ruhende Systeme betrachtet. Bei dieser Formulierung gilt: wird vom Gas Arbeit verrichtet, ist ΔW negativ, wird Wärme abgegeben, ist ΔQ negativ.[7]
Die Vorzeichenregelung für die Arbeit wird in der Literatur teilweise auch anders angegeben; so formuliert Helmut Lindner in „*Physik für Ingenieure*" den 1. Hauptsatz der Thermodynamik folgendermaßen:

---

[5]vgl. Lindner [4] S.184
[6]siehe u. a. Kuhn: [2], S. 54 ff., oder Lindner: [4], S. 203 ff., und Internetquellen [IV]
[7]siehe u. a. Hahne: [1], S. 61f., oder Kuhn: [2], S. 64, und Internetquellen [V]

„Wird einem Gas die Wärmemenge Q zugeführt, so kann es dadurch seine innere Energie U erhöhen und außerdem mechanische Arbeit W verrichten." [8]

Oder:

$$\Delta Q = \Delta U + W \tag{3}$$

Diese Formulierung unterscheidet sich nur im Vorzeichen der Arbeit von der vorhergehenden Gleichung, hier ist vom Gas verrichtete Arbeit positiv. Für die folgenden Gleichungen wird diese Vorzeichenregelung verwendet.

Es wurde im vorhergehenden Kapitel bereits darauf hingewiesen, dass eine Ausdehnung des Gases Wärme, also Energie, „verbraucht", da es Arbeit gegen den Umgebungsdruck verrichtet. Diese vom Gas geleistete Arbeit W lässt sich berechnen: $W = F \cdot s$, $F = p \cdot A$ und $\Delta V = A \cdot s$, also folgt:

$$W = F \cdot s = p \cdot A \cdot s = p \cdot \Delta V \tag{4}$$

Hier zeigt sich der Vorteil der gewählten Vorzeichenregelung: ist $V_1 < V_2$, findet eine Entspannung statt, vom Gas wird Arbeit verrichtet, die nach Gl. (3) und nach Gl. (4) positiv ist.

Ist die Volumenänderung ΔV und die zugeführte Wärmemenge Q sehr klein, bekommt der 1. Hauptsatz also folgende Form:

$$\delta Q = \mathrm{d}U + p \cdot \mathrm{d}V \tag{5}$$

Als praktische Abkürzung wurde die Zustandsgröße *Enthalpie H* eingeführt,[9] sie zeigt an, welche Wärmemenge z. Bsp. bei einer chemischen Reaktion an die Umgebung abgegeben wird:

$$H = U + pV \quad \text{und} \quad \Delta H = \Delta U + p\Delta V$$

2.4 Zustandsänderungen [10]

2.4.1 Isochore Zustandsänderung

Eine *isochore Zustandsänderung* (von gr. $\iota\sigma o$ = *gleich* und $\chi\omega\rho\alpha$ = *Raum*) beschreibt eine Zustandsänderung bei konstantem Volumen. Daher ist $\mathrm{d}V = 0$, es wird also nach Gleichung (5) keine Arbeit verrichtet: $\delta Q = \mathrm{d}U$
Offensichtlich führt eine Wärmezufuhr ausschließlich zu einer Erhöhung der inneren Energie.
Dies zeigt, was Gay-Lussac in einem bekannten Versuch bestätigt hat: Lässt man ein Gas, das die gleiche Temperatur wie die Umgebung hat, in ein Vakuum strömen (ohne dass es Arbeit verrichtet), nimmt dieses Gas keine Wärme auf oder gibt sie ab, obwohl sich sein Volumen ändert. *Daher beeinflusst eine Volumenänderung die innere Energie nicht, sondern diese ist nur von der Temperatur abhängig.*
Die Temperaturerhöhung lässt sich nach Gl. (2) berechnen: $\delta Q = \mathrm{d}U = c_v m \cdot \mathrm{d}T$. Mit dieser Erkenntnis kann der 1. Hauptsatz also auch folgendermaßen geschrieben werden:

$$\delta Q = c_v m \cdot \mathrm{d}T + p \cdot \mathrm{d}V \tag{6}$$

---

[8]siehe Lindner: [4], S. 220
[9]siehe Hahne: [1] S. 67 und Internetquellen [VI]
[10]Die Formeln und Erkenntnisse des Kapitels 2.4 folgen zu großen Teilen Lindner [4], S. 220 ff.; allerdings wurde – neben einigen Ergänzungen – in einigen Fällen δ statt d geschrieben (zur Unterscheidung siehe u.a. Hahne [1], S. 77 ff. und Internetquellen [VII])

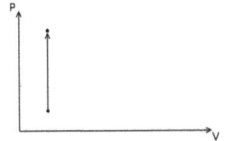

Im p, V-Diagramm wird die zugehörige Darstellung als senkrechte Linie, d. h. als Parallele zur p-Achse, dargestellt, eine sogenannte **Isochore.**

Das Volumen bleibt konstant, je nach Temperatur ändert sich der Druck, wobei die universelle Gasgleichung (1) für diesen Fall folgendes besagt (dargelegt als Gesetz von Amontons im Anhang): je größer p auf einer Isochore, desto höher ist die zugehörige Temperatur. Des Weiteren gilt nach Boyle-Lussac (siehe Anhang): je größer das Volumen bei einem festgelegten Druck (d. h. je weiter „rechts" die Isochore), desto größer ist die Temperatur.

2.4.2 Isobare Zustandsänderung

Analog zur isochoren beschreibt die *isobare Zustandsänderung* die Wärmezufuhr bei konstantem Druck. Dabei gilt nach Gl. (2): $\delta Q = c_p m \cdot \mathrm{d}T$, also lautet die Gleichung (eingesetzt in Gl. (6)):

$$c_p m \cdot \mathrm{d}T = c_v m \cdot \mathrm{d}T + p \cdot \mathrm{d}V \quad \text{oder} \quad C_{m,p} n \cdot \mathrm{d}T = C_{m,v} n \cdot \mathrm{d}T + p \cdot \mathrm{d}V \quad (7)$$

Wird also eine Wärmemenge zugeführt, wird diese nicht vollständig in Arbeit umgewandelt, sondern es erhöht sich auch die Temperatur des Gases.
Welche Besonderheit sich aus der Gleichung ablesen lässt, wird im Anhang erläutert.

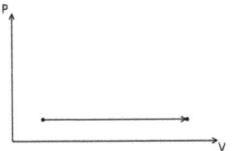

Im p, V-Diagramm werden sog. **Isobaren** als zur Abszisse (Volumen-Achse) parallele Strecken eingezeichnet. Auch hier gilt: je höher das Volumen auf einer Isobaren und je höher der konstante Druck, desto höher ist die zugehörige Temperatur.

2.4.3 Isotherme Zustandsänderung

Analog zur isobaren beschreibt die *isotherme Zustandsänderung* die Zustandsänderung eines idealen Gases bei konstanter Temperatur, die von der Temperatur abhängige innere Energie ändert sich also nicht (siehe Kap. 2.4.1). Deshalb nimmt der 1. Hauptsatz folgende Form an:

$$\delta Q = \delta W = p \, \mathrm{d}V$$

δQ stellt auch hier die Wärmemenge dar, die in die Umgebung abgegeben oder aus ihr aufgenommen werden muss, damit die Temperatur des Gases konstant bleibt, während an ihm Arbeit verrichtet wird (bzw. während es Arbeit verrichtet).
Nach der universellen Gasgleichung (1) lässt sich p durch V und T ausdrücken:

$$\delta Q = \delta W = \frac{nRT}{V} \mathrm{d}V$$

Ist V_1 das Anfangsvolumen und V_2 das Endvolumen, liefert Integration zwischen den Grenzen V_1 und V_2 die **isotherme Volumenarbeit W:**

$$Q = W = nRT \ln \frac{V_2}{V_1} \quad (8)$$

Zudem gilt: $nRT = pV$ (nach Gl. (1)), und damit bei $T = const.$: $p_1 V_1 = p_2 V_2$; umgeformt also:

$$Q = W = p_1 V_1 \ln \frac{V_2}{V_1} = p_2 V_2 \ln \frac{V_2}{V_1} \tag{9}$$

Hier zeigt sich, warum anfangs definiert wurde, dass am Gas verrichtete Arbeit ein negatives Vorzeichen hat. Ist nämlich $V_1 > V_2$, wird das Gas also komprimiert, so ist nach Gl. (9) W negativ. Dabei gibt das Gas Wärme ab, Q ist also auch negativ.

Die isotherme Zustandsänderung wird – abgeleitet aus der universellen Gasgleichung – nach dem Gesetz von Boyle-Mariotte (siehe Anhang) beschrieben:

$$p \cdot V = const. \quad \text{oder umgeformt} \quad p = \frac{Konstante}{V} \tag{10}$$

Letztere Gleichung zeigt, dass die Darstellung isothermer Zustandsänderungen, die **Isothermen**, Hyperbeläste sind, wobei für $lim_{V \to \infty}$ gilt: $p = 0$

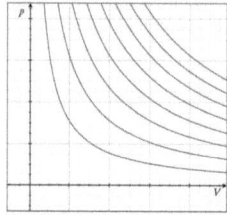

Höhere Hyperbeläste entsprechen höheren Temperaturen, die Isothermen gelten allerdings nur für ideale Gase; in hohen Temperaturbereichen gleichen reale Gase jedoch diesen.

2.4.4 Adiabatische Zustandsänderung

Bis jetzt fand immer ein Wärmeaustausch mit der Umgebung statt, während jeweils eine Zustandsgröße T, p oder V konstant blieb. Ändert man alle Größen gleichzeitig *ohne Wärmeaustausch mit der Umgebung*, (d. h. die Volumenänderung findet unendlich schnell statt, sodass kein Wärmeaustausch möglich ist bzw. das System ist vollständig wärmeisoliert), dann nennt man dies eine *adiabatische Zustandsänderung*.

Da kein Wärmeaustausch stattfindet ($\delta Q = 0$), nimmt der 1. Hauptsatz folgende Form an: $0 = C_{m,v} n \cdot dT + p dV$ (nach Gl. (6) und (7)); umgeformt und mit $p = \frac{nRT}{V}$ (gemäß Gl. (1)) ergibt das: $-C_{m,v} n \cdot dT = nRT \frac{dV}{V}$.

Diese Gleichung wird innerhalb der Grenzen T_1, T_2 und V_1, V_2 integriert, wobei $R = C_{m,p} - C_{m,v}$ (siehe Anhang); zudem wird durch n auf beiden Seiten dividiert:

$$C_{m,v} \int_{T_1}^{T_2} \frac{dT}{T} = -(C_{m,p} - C_{m,v}) \int_{V_1}^{V_2} \frac{dV}{V}$$

nach Integration:

$$C_{m,v} \ln \frac{T_1}{T_2} = (C_{m,p} - C_{m,v}) \ln \frac{V_2}{V_1} \quad \text{oder} \quad \left(\frac{T_1}{T_2} \right)^{C_{m,v}} = \left(\frac{V_2}{V_1} \right)^{(C_{m,p} - C_{m,v})}$$

Das Verhältnis $\frac{C_{m,p}}{C_{m,v}} = \frac{c_p}{c_v}$ nennt man üblicherweise den *Adiabatenindex* κ,[11] wobei $\kappa > 1$ (wegen $c_p > c_v$).
Daher hat die Formel auch folgende Form:

$$\left(\frac{V_2}{V_1}\right)^{\frac{(C_{m,p}-C_{m,v})}{C_{m,v}}} = \frac{T_1}{T_2} = \left(\frac{V_2}{V_1}\right)^{\kappa-1} \tag{11}$$

Diese Gleichung drückt den Zusammenhang zwischen Temperaturverhältnis und Volumenverhältnis bei einem adiabatischen Vorgang aus.

Über die allgemeine Gasgleichung $\frac{p_1 V_1}{T_1} = \frac{p_2 V_2}{T_2}$, also $\frac{T_2}{T_1} = \frac{V_2}{V_1} \cdot \frac{p_2}{p_1}$ und Gl. (11) ergibt sich der Zusammenhang zwischen Temperaturverhältnis und Druckverhältnis:

$$\left(\frac{T_1}{T_2}\right)^{\kappa-1} = \left(\frac{V_1}{V_2}\right)^{\kappa-1} \cdot \left(\frac{p_1}{p_2}\right)^{\kappa-1} = \left(\frac{T_2}{T_1}\right) \cdot \left(\frac{p_1}{p_2}\right)^{\kappa-1}$$

$$\text{und damit:} \quad \frac{T_1}{T_2} = \left(\frac{p_1}{p_2}\right)^{\frac{\kappa-1}{\kappa}} \tag{12}$$

Gl. (11) und (12) gleichgesetzt geben das *Volumen-Druck-Gesetz* des adiabatischen Vorgangs:

$$\left(\frac{p_1}{p_2}\right)^{\frac{\kappa-1}{\kappa}} = \left(\frac{V_2}{V_1}\right)^{\kappa-1} \quad \text{und damit:} \quad \frac{p_1}{p_2} = \left(\frac{V_2}{V_1}\right)^{\kappa}$$

besser bekannt als **Poisson'sches Gesetz** stellt es die Adiabatengleichung dar:

$$pV^{\kappa} = const. \tag{13}$$

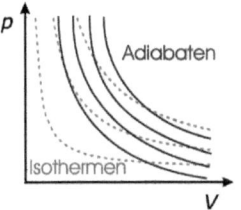

Eine Adiabate fällt im p, V-Diagramm steiler als eine Isotherme, was aus Betrachtung der Gleichungen der Isotherme $p = \frac{Konstante}{V}$ (Gl. (10)) und der Adiabate $p = \frac{Konstante}{V^{\kappa}}$ mit $\kappa > 1$ leicht ersichtlich ist.

Bei Betrachtung der Arbeit bei adiabatischen Zustandsänderungen gilt (wie bereits erwähnt) $\Delta Q = 0$, d. h. die gesamte am Gas verrichtete Arbeit führt zu einer Erhöhung der inneren Energie:
$\delta W = -\mathrm{d}U = -nC_{m,v}\mathrm{d}T$ (nach Gl. (2) bzw. (3)).
Integriert zwischen T_1 und T_2:

$$W = nC_{m,v}(T_1 - T_2) \tag{14}$$

Diese Gleichung beschreibt die **Arbeit W bei adiabatischen Vorgängen**. Auch hier stimmt das Vorzeichen mit der anfänglichen Festlegung überein, da bei einer Kompression $T_2 > T_1$ ist, die Arbeit ist dann negativ. Diese Gleichung kann anders geschrieben werden (statt $C_{m,v}$ mit κ und R), was im Anhang dargelegt ist.

---

[11] siehe u.a. Internetquelle [VIII]

2.4.5 Polytrope Zustandsänderungen

Die meisten realen Zustandsänderungen sind weder isotherm noch adiabatisch, vielmehr stellen diese Vorgänge ideale Grenzfälle dar. Derartige Zustandsänderungen heißen *polytrope Zustandsänderungen*. Die zugehörige Gleichung ähnelt der adiabatischen, mit dem Unterschied, dass statt κ der Exponent n steht, mit $1 < n < \kappa$. Für Helium ist $n = 1,\overline{6}$, n für Luft etwa 1,3. Gesetz der Polytrope: $pV^n = const.$

2.5 2. Hauptsatz der Thermodynamik, Entropie

2.5.1 Entropie [12]

Der Begriff der Entropie kann auf mehrere Weisen interpretiert werden. In der statistischen Physik beschreibt die Entropie die Anzahl der Möglichkeiten, d. h. die Wahrscheinlichkeit eines Zustands. Mischen sich z. Bsp. zwei Gase, ist die Position der Gasmoleküle nicht festgelegt, wenn die Gase aber getrennt sind, „dürfen" Moleküle des einen Gases nicht beim anderen sein, es gibt also weniger Möglichkeiten, eine solche Anordnung zu realisieren. Deshalb hat das Gasgemisch eine höhere Entropie als die getrennten Gase. Daher stammt auch die populäre, aber ungenaue Bezeichnung der Entropie als ein „Maß der Unordnung": Je wahrscheinlicher ein Zustand, desto mehr Möglichkeiten gibt es, anders formuliert, desto „unordentlicher" ist der Zustand, und damit ist die Entropie höher. In der (makroskopischen) Thermodynamik ist die **Entropieänderung dS** definiert als **Quotient aus der ausgetauschten Wärmemenge δQ und der Austauschtemperatur T**:

$$dS = \frac{\delta Q}{T} \tag{15}$$

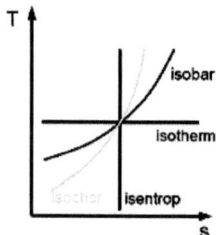

Es interessiert meistens die Entropieänderung im Verhältnis zur Temperatur, daher verwendet man T, S-Diagramme; adiabatische Vorgänge haben keine Entropieänderungen zur Folge ($\delta Q = 0$), sie heißen *isentrop* und erscheinen als Parallelen zur T-Achse. Isothermen werden als Parallelen zur S-Achse dargestellt. Bei isochoren oder isobaren Zustandsänderungen wächst die Temperatur exponentiell zur Entropieänderung, allerdings verlaufen Isochoren steiler.

Die unterschiedlichen Steigungen bei isochoren und isobaren Zustandsänderungen lassen sich folgendermaßen erklären: in Gl. (15) $dS = \frac{\delta Q}{T}$ kann Gl. (2) $\delta Q = C_m n \cdot dT$ eingesetzt werden: $\frac{dT}{T} = \frac{dS}{C_m n}$. Nun lässt sich integrieren: $\ln(T) = \frac{S}{C_m n}$, und damit: $T = e^{\frac{S}{C_m n}}$, wobei bei isochoren Vorgängen $C_{m,v}$ verwendet wird, bei isobaren $C_{m,p}$. Aus der Ungleichung $C_{m,v} < C_{m,p}$ (siehe Kap. 2.2) folgt $e^{\frac{S}{C_{m,v} n}} > e^{\frac{S}{C_{m,p} n}}$, eine isochore Zustandsänderung ist im T, S-Diagramm also steiler als eine isobare.

---

[12]siehe Kuhn [2], S. 122 ff., Hahne [1] S. 67 und S. 175 ff., Lindner [4] S. 241 ff. und Internetquellen [IX]

2.5.2 2. Hauptsatz der Thermodynamik

Die Mechanik und der 1. Hauptsatz der Thermodynamik machen zwar Aussagen darüber, ob ein Prozess aus energetischer Sicht möglich ist, allerdings ist das nicht ausreichend, um festzustellen, ob ein Prozess tatsächlich ablaufen kann. So wäre es durchaus mit dem Energieerhaltungssatz vereinbar, dass ein Stein ohne äußeren Einfluss in die Höhe fliegt, während sich die Umgebung um den entsprechenden Energiebetrag abkühlt. Offensichtlich ist dies unmöglich, genauso wie es niemals vorkommt, dass Wärme ohne äußere Energiezufuhr von einem kälteren auf einen wärmeren Körper übergeht. Wäre dies möglich, könnte der wärmere Körper kontinuierlich Arbeit verrichten (z. Bsp. indem er sich ausdehnt), man könnte so die Erde oder das Meer abkühlen und einen beinahe unendlichen Energiebetrag gewinnen. Eine Maschine, die Arbeit aus der Abkühlung eines Körpers gewinnt und in mechanische Arbeit umwandelt, ohne dabei einen anderen Körper zu erwärmen, heißt *perpetuum mobile 2. Art*. Obwohl derartiges nach dem 1. Hauptsatz möglich wäre, lehrt die Erfahrung, dass es keine solche Maschinen gibt. Dies verbietet der *2. Hauptsatz der Thermodynamik*. Dieser ist nicht aus dem 1. Hauptsatz ableitbar, sondern schränkt diesen ein. Er ist ein Maß dafür, ob ein Prozess umkehrbar, d. h. **reversibel** ist, oder nicht (**irreversibel**). Es existieren mehrere äquivalente Formulierungen des 2. Hauptsatzes, eine häufig genannte mathematische Formulierung basiert auf dem Entropiebegriff:

Die Entropie nimmt in einem geschlossenen System niemals ab; Für den Fall der Reversibilität eines Prozesses findet keine Entropieänderung statt, ist ein Prozess irreversibel, erhöht sich die Gesamtentropie des Systems im Vergleich zum Ausgangszustand. [13]

$$\Delta S \geq 0 \tag{16}$$

Ein perpetuum mobile 2. Art würde einem Körper nach Gleichung (15) die Entropie $S = \frac{Q_{ab}}{T}$ entziehen (wobei Q_{ab} negativ ist), ohne irgendwo anders die Entropie zu erhöhen; daher ist eine solche Maschine unmöglich.

Das zeigt, dass **zur Umwandlung von Wärme in mechanische Energie immer eine Temperaturdifferenz nötig ist.**

---

[13]siehe Kuhn: [2], S. 125 und Hahne: [1], S. 165, 167 und 177

3 Kreisprozesse [14]

Die meisten Maschinen, die Wärmeenergie in mechanische Arbeit umwandeln, arbeiten so, dass nach Ablauf eines Arbeitszyklus der Arbeitsstoff wieder denselben Zustand (p_1, T_1, V_1) einnimmt wie zu Beginn, d. h. die Zustandsänderungen sind im p, V-Diagramm geschlossen; wenn die Vorgänge reversibel sind, ändert sich außerdem die Entropie S_1 nach einem Zyklus nicht. Eine Folge von Zustandsänderungen, die auf diese Weise periodisch ablaufen, nennt man **Kreisprozess**. Dabei unterscheidet man, ob ein Kreisprozess *rechtsgängig* oder *linksgängig* erfolgt, d. h. ob die Vorgänge im p, V-Diagramm im Uhrzeigersinn (rechtsgängig) oder gegen ihn (linksgängig) aufeinander folgen. Wärmekraftmaschinen, also Motoren, die Wärme (teilweise) in Arbeit umwandeln, werden immer durch rechtsgängige Prozesse beschrieben.

Gleichung (4) kann auch folgendermaßen geschrieben werden:

$$\int \delta W = \int p \mathrm{d}V$$

Veranschaulicht bedeutet diese Gleichung, dass die Arbeit der Fläche unter der Kurve im p, V-Diagramm entspricht. Analog gilt nach Gleichung (15): $\int \delta Q = \int T \mathrm{d}S$, d. h. die insgesamt zugeführte Wärmemenge entspricht der Fläche, die die Graphen der Zustandsänderungen im T, S-Diagramm umschließen.

Bei einem Kreisprozess wird bei der Expansion Arbeit vom Arbeitsmedium verrichtet, bei der Kompression (um es wieder auf den Anfangszustand zu bringen), muss Arbeit von außen verrichtet werden. Die Differenz ist die gewonnene Arbeit, folglich wird sie im p, V-Diagramm durch den Flächeninhalt, der sich innerhalb der Kurven befindet, dargestellt. Es wurde bereits aufgezeigt, dass Wärme nicht vollständig in mechanische Arbeit umgewandelt werden kann, sondern dass immer Energie ungenutzt abgegeben wird. Daher liegt der **thermische Wirkungsgrad** eines Kreisprozesses immer unter 1, er wird dabei ausgedrückt als Verhältnis des Nutzens (also der gewonnenen Arbeit W) zum Aufwand (also zur zugeführten Wärmemenge Q_{zu}). Die Arbeit W ist nach dem 1. Hauptsatz (3) die Differenz $Q_{zu} - |Q_{ab}|$ (U darf sich nicht ändern, sonst wäre der Endzustand nicht mehr gleich dem Anfangszustand). Hierbei ist Q_{ab} die ungenutzt abgeführte Wärmemenge, also die „verlorene" Energie:

$$\eta = \frac{\text{Nutzen}}{\text{Aufwand}} = \frac{W}{Q_{zu}} = \frac{Q_{zu} - |Q_{ab}|}{Q_{zu}} = 1 - \frac{|Q_{ab}|}{Q_{zu}} \tag{17}$$

3.1 Carnot-Prozess [15]

Nicolas Léonard Sadi Carnot (1796-1832) stellte als erster Betrachtungen über Kreisprozesse an, indem er den rein hypothetischen **Carnot-Prozess** erdachte und untersuchte. Dabei ging er von einem idealen Gas aus, mit dessen Hilfe Wärme in mechanische Energie umgewandelt wird. Ein Arbeitszyklus geht in vier Schritten vor sich:

1. Das Gas wird bei gleichbleibender Temperatur T_1 isotherm von V_1 auf V_2 entspannt, dabei wird vom Gas die Arbeit W_{ab} abgegeben, während die Wärmemenge Q_{zu} zugeführt wird, die

---

[14]siehe u. a. Hahne [1] S. 42f., 91, Kuhn [2] S. 112 ff., Lindner [4] S. 231 ff., sowie Internetquellen [X]
[15]siehe u. a. Hahne [1] S.152 ff., 325, Kuhn [2] S. 114 f., Lindner [4] S. 236 ff., sowie Internetquellen [XI]

sich nach Gl. (8) berechnen lässt:

$$W_{ab} = Q_{zu} = nRT_1 \ln \frac{V_2}{V_1}$$

2. Das Gas dehnt sich adiabatisch weiter aus, bis es das Maximalvolumen V_3 erreicht. Dabei kühlt es sich auf T_2 ab, während es nach Gl. (14) Arbeit verrichtet:

$$W_{adiabat.2} = nC_{m,v}(T_1 - T_2), \text{ es gilt nach Gl. (11): } \frac{T_1}{T_2} = \left(\frac{V_3}{V_2}\right)^{\kappa-1}$$

3. Das Gas wird isotherm auf V_4 verdichtet, es muss von außen die Arbeit W_{auf} aufgewendet werden. Dabei wird die Wärmemenge Q_{ab} an die Umgebung abgegeben:

$$W_{auf} = Q_{ab} = nRT_2 \ln \frac{V_4}{V_3} = -nRT_2 \ln \frac{V_3}{V_4}$$

4. Das Gas wird adiabatisch weiter verdichtet, die Temperatur steigt auf T_1. Die dafür benötigte Arbeit beträgt:

$$W_{adiabat.4} = nC_{m,v}(T_2 - T_1) \text{ es gilt analog zum 2. Schritt: } \frac{T_1}{T_2} = \left(\frac{V_4}{V_1}\right)^{\kappa-1}.$$

Im p, V-Diagramm:

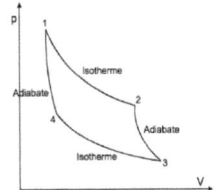

und im T, S-Diagramm:

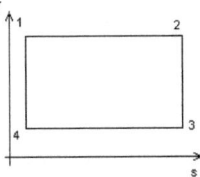

Offensichtlich kann das Verhältnis $\frac{T_1}{T_2}$ im 2. und 4. Schritt gleichgesetzt werden, man erhält:

$$\frac{T_1}{T_2} = \left(\frac{V_3}{V_2}\right)^{\kappa-1} = \left(\frac{V_4}{V_1}\right)^{\kappa-1} \text{ und damit } \frac{V_3}{V_4} = \frac{V_2}{V_1}.$$

Außerdem benötigt der 4. Schritt genauso viel Arbeit, wie im 2. Schritt verrichtet wird, diese Arbeit ist für den Wirkungsgrad folglich irrelevant. Um also den Wirkungsgrad nach Gl. (17) zu ermitteln, wird der Quotient $\frac{|Q_{ab}|}{Q_{zu}}$ bestimmt, dabei wird $\frac{V_3}{V_4} = \frac{V_2}{V_1}$ verwendet; es ergibt sich:

$$\eta = 1 - \frac{|Q_{ab}|}{Q_{zu}} = 1 - \frac{|-nRT_2 \ln \frac{V_3}{V_4}|}{nRT_1 \ln \frac{V_2}{V_1}} = 1 - \frac{nRT_2 \ln \frac{V_2}{V_1}}{nRT_1 \ln \frac{V_2}{V_1}} = 1 - \frac{T_2}{T_1} \qquad (18)$$

Hier stellt T_2 die (niedrigere) Temperatur dar, bei der Wärme abfließt, T_1 die (höhere) Temperatur, bei der Wärme aufgenommen wird. Da diese Temperaturen immer nach der Kelvinskala angegeben werden, ist ein Wirkungsgrad nahe 1 praktisch unmöglich.

Ein Rechenbeispiel: Wir denken uns einen nach dem carnotschen Kreisprozess funktionierenden Heißluftmotor. Bei $0°C$ habe das (ideale) Arbeitsgas ein Volumen von $V_0 = 1$ l, d. h. die Teilchenzahl beträgt $n = \frac{1}{22,414}$ mol. Das Gas wird auf 300 °C erhitzt, d. h. $T_1 = 573,15°K$. T_2 sei 50°C, also 323,15°K.

Der maximale Wirkungsgrad beträgt nach Gl. (18): $\eta = 1 - \frac{T_2}{T_1} = 1 - \frac{323,15}{573,15} \approx 43,6\%$.

Des Weiteren wird festgelegt: bei 50°C und bei dem Maximalvolumen V_3, sei der Druck gleich dem Normaldruck, also $p_3 = 1013$ hPa. Damit lässt sich nach dem Gesetz von Gay-Lussac (siehe Anhang zu Kap. 2.1) das Volumen V_3 berechnen: $V_3 = V_0(1 + \gamma \vartheta) = 1 l \cdot (1 + \frac{50°C}{273,15°C}) \approx 1,18 l$.

Nach Schritt 2, bzw. Gl. (11), gilt: $\frac{T_1}{T_2} = \left(\frac{V_3}{V_2}\right)^{\kappa-1}$, und damit $V_2 = V_3 \left(\frac{T_2}{T_1}\right)^{\frac{1}{\kappa-1}} \approx 0,501 l$. Um auf dieselbe Weise V_4 berechnen zu können, muss ein Anfangsvolumen $V_1 = 0,100 l$ gegeben sein, dann folgt: $V_4 = V_1 \left(\frac{T_1}{T_2}\right)^{\frac{1}{\kappa-1}} \approx 0,236 l$.

Mit Hilfe dieser Größen lässt sich die abgegebene und aufgenommene Arbeit (1. und 3. Schritt) berechnen: $W_{ab} = Q_{zu} = nRT_1 \ln\frac{V_2}{V_1} = \frac{1mol}{22,414} \cdot 8,3145\frac{J}{mol\,K} \cdot 573,15K \cdot \ln\frac{0,501l}{0,100l} \approx 343$ J. Mit derselben Formel erhält man die aufgewendete Arbeit $W_{auf} = Q_{ab} \approx -193$ J. Die pro Arbeitszyklus gewonnene Arbeit beträgt: $W_{gew} = W_{ab} + W_{auf} = 343$ J $- 193$ J $= 150$ J. Der Wirkungsgrad ist demnach (vgl. Gl. (17)): $\eta = \frac{W_{gew}}{Q_{zu}} = \frac{150\text{ J}}{343\text{ J}} \approx 43,7\%$, und entspricht dem vorher über (18) errechneten.

Die abgeführte Entropie S_{ab} beträgt nach Gl. (15): $S_{ab} = \frac{Q_{ab}}{T_2} = \frac{-193J}{323,15°K} \approx -0,60\frac{J}{K}$. Analog gilt: $S_{zu} = \frac{Q_{zu}}{T_1} = \frac{343J}{573,15°K} \approx 0,60\frac{J}{K}$. **Insgesamt findet also keine Entropieänderung statt.** Nun ändern wir die Maximaltemperatur: steigt diese auf 600°C, also $T_1 = 873,15K$, erhöht sich der Wirkungsgrad auf $\eta = 63\%$, die gewonnene Arbeit beträgt $W = Q_{ab} - Q_{auf} = 317$ J $- 117$ J $= 200$ J.

Bei Verdoppelung des Verdichtungsverhältnisses $\frac{V_2}{V_1}$ durch Verkleinerung von V_1 auf 0,05 l, steigt die gewonnene Arbeit auf 341 J, während der Wirkungsgrad konstant bleibt. Dies ist aus dem entsprechenden p, V-Diagramm ersichtlich; die eingeschlossene Fläche ist bei kleinerem V_1 wesentlich größer. Wenn man also die pro Zyklus gewonnene Arbeit vergrößern will, kann man das Verdichtungsverhältnis erhöhen und/oder den Wirkungsgrad steigern, indem T_1 vergrößert oder T_2 verringert wird.

3.2 Stirling-Prozess [16]

Wegen der abwechselnd adiabatischen und isothermen Zustandsänderungen ist der Carnot-Prozess schlecht realisierbar. Für einen adiabatischen Vorgang muss das System, in dem sich das Arbeitsgas befindet, möglichst wärmeisoliert sein, für einen isothermen muss es dagegen möglichst wärmeleitend sein. Diese technischen Probleme stellen sich bei Heißluftmotoren, die mit dem **Stirling-Prozess** beschrieben werden, nicht. Anstatt adiabatisch geht die Temperaturänderung nämlich isochor, bei konstantem Volumen, vor sich. Der Stirling-Prozess zeichnet sich dadurch aus, dass die Erwärmung nicht im Inneren des Zylinders, sondern von außen erfolgt. Daher kann die Wärmezufuhr mittels unterschiedlichster Brennstoffe erzeugt werden, aber auch mit Hilfe von z. Bsp. Solarenergie. Außerdem benötigt der Stirlingmotor – je nach Ausführung – nur geringe Temperaturdifferenzen, einigen Modellen reicht die Abwärme einer Hand. Allerdings ist dann der Wirkungsgrad entsprechend schlecht. In der Praxis gibt es zwei grundlegend verschiedene Ausführungen des Stirling-Motors:

---

[16]siehe u. a. Hahne [1] S.335f., 363f., Kuhn [2] S. 115ff., Lindberg [3] S.4ff., und Gebrauchsanweisung [6], sowie Internetquellen [XII]

Die sog. *Alpha-Konfiguration* besitzt zwei Zylinder (mit jeweils einem Kolben); der eine Zylinder dient nur zur Kühlung, während im anderen das Arbeitsgas nur erwärmt wird. Die Zylinder sind so miteinander verbunden, dass das Gas zwischen beiden hin und her strömt, sich also periodisch erwärmt und wieder abkühlt.

Bei der *Beta-Konfiguration* befindet sich das Gas immer in einem Zylinder, dessen Kopf beheizt wird, während der untere Teil gekühlt wird (oder umgekehrt). Im Zylinder befinden sich *zwei* Kolben, der *Arbeitskolben* und der *Verdrängerkolben*. Letzterer „drängt" das Gas immer in die verschiedenen Zylinderteile, sodass auch hier das Gas periodisch erwärmt und gekühlt wird.

Der bei den Versuchen verwendete Heißluftmotor entsprach der Beta-Konfiguration, deshalb wird im Anschluss dessen Arbeitsweise genauer erläutert:

1. Takt:

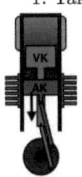

Das Gas befindet sich im oberen, heißen Zylinderteil, da der Verdrängerkolben (VK) unten ist. Das Gas dehnt sich unter Verrichtung der Arbeit W_1 auf V_2 aus, indem es am Verdrängerkolben vorbeiströmt und den Arbeitskolben (AK) nach unten drückt. Dabei bleibt die Gastemperatur T_1 konstant, da die Wärmemenge Q_1 zugeführt wird (nach Gl. (8)):
$W_1 = Q_1 = nRT_1 \ln \frac{V_2}{V_1}$

2. Takt:

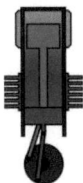

Durch die Aufwärtsbewegung des Verdrängerkolbens strömt das Gas in den unteren Zylinderteil, wo es abgekühlt wird. Der Vorgang findet – im Gegensatz zum carnotschen Prozess – isochor, bei konstantem Volumen, statt, der Arbeitskolben bewegt sich also nicht. Bei der Abkühlung wird die Wärmemenge Q_2 abgeführt, die sich nach Gl. (2) berechnet:
$Q_2 = C_{m,v} n (T_2 - T_1)$
Da $T_1 > T_2$, ist Q_2 negativ (entsprechend der unter 2.3 getroffenen Festlegung).

3. Takt:

Das Gas wird durch eine erzwungene Aufwärtsbewegung des Arbeitskolbens auf V_1 verdichtet, es muss die Arbeit W_3 aufgewendet werden. Damit der Vorgang isotherm erfolgt, wird die entsprechende Wärmemenge Q_3 abgeführt:
$W_3 = Q_3 = nRT_2 \ln \frac{V_1}{V_2} = -nRT_2 \ln \frac{V_2}{V_1}$

4. Takt:

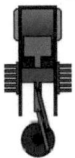

Der Verdrängerkolben „drückt" das Gas in den oberen Zylinderteil, wo es nun auf T_1 erwärmt wird, während sein Volumen konstant bleibt. Die Wärmemenge Q_4 wird (nach Gl. (2)) zugeführt und ist daher positiv:
$Q_4 = C_{m,v} n (T_1 - T_2)$.

Im p, V- und S, T-Diagramm:

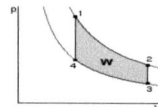 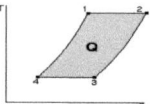

Der Wirkungsgrad beträgt nach Gl. (17):

$$\eta = \frac{W_{ges}}{Q_{zu}} = \frac{W_1 + W_3}{Q_1 + Q_4} = \frac{nRT_1 \ln \frac{V_2}{V_1} - nRT_2 \ln \frac{V_2}{V_1}}{nRT_1 \ln \frac{V_2}{V_1} + C_v n(T_1 - T_2)} = \frac{nR \ln \frac{V_2}{V_1}(T_1 - T_2)}{nR \ln \frac{V_2}{V_1} T_1 + C_v n(T_1 - T_2)}$$

Dieser Wirkungsgrad ist kleiner als der des Carnot-Prozesses, da Q_4 zusätzlich im Nenner steht. Es zeigt sich aber, dass Q_4, die im 4. Takt zugeführte Wärmemenge, denselben Betrag hat wie die im 2. Takt abgeführte Wärme Q_2. Zur Verbesserung des Wirkungsgrades verwendet man daher einen Wärmespeicher (Regenerator), der sich am Verdrängerkolben befindet und im 2. und 4. Takt vom Gas durchströmt wird, wobei er theoretisch im 2. Takt die abgegebene Wärme Q_2 speichert und im 4. Takt wieder dem Gas zuführt. Damit entfällt in der Gleichung Q_4. Dann gleicht der Wirkungsgrad des Stirling-Prozesses in der Theorie dem des Carnot-Prozesses:
$\eta = \frac{W_1 + W_3}{Q_1} = \frac{T_1 - T_2}{T_1} = 1 - \frac{T_2}{T_1}$.
In der Praxis treten aber viele Verluste auf; diese werden unter 3.3.2 näher erläutert.

Natürlich stellt sich die Frage, ob es einen Kreisprozess gibt, dessen Wirkungsgrad den des Carnot-Prozesses übertrifft. Auf zwei Arten lässt sich begründen, dass es keinen gibt: Einmal mit Hilfe des p, V-Diagramms: Jeder Kreisprozess lässt sich nämlich beliebig annähern durch mehrere Stirling- oder Carnot-Prozesse, für die jeweils der ideale Wirkungsgrad $\eta = 1 - \frac{T_2}{T_1}$ gilt. Somit gilt dieser auch für den Gesamtprozess.
Mathematisch lässt sich diese Tatsache auch begründen: Gl. (17) und (18) gleichgesetzt ergeben:
$\eta = 1 - \frac{|Q_2|}{Q_1} = 1 + \frac{Q_2}{Q_1} = 1 - \frac{T_2}{T_1}$, umgeformt: $\frac{Q_2}{T_2} + \frac{Q_1}{T_1} = 0$.
Hätte ein Kreisprozess einen höheren Wirkungsgrad, müsste gelten:

$$\eta = 1 + \frac{Q_2}{Q_1} > 1 - \frac{T_2}{T_1}, \quad \text{also} \quad \frac{Q_2}{T_2} + \frac{Q_1}{T_1} > 0$$

Da Q_2 negativ ist, muss, wenn die Ungleichung erfüllt werden soll, gelten: $\frac{Q_1}{T_1} > \frac{|Q_2|}{T_2}$. Dies ist jedoch mit dem 2. Hauptsatz nicht vereinbar:
nach Gl. (15) gilt: $\frac{Q}{T} = S$; $\frac{Q_1}{T_1}$ stellen die dem Gas zugeführte Entropie S_{zu} dar, die abgeführte Entropie beträgt analog $S_{ab} = \frac{Q_2}{T_2}$. Wenn nun die zugeführte Entropie größer ist als die abgeführte (wie es der Fall ist: $S_{zu} = \frac{Q_1}{T_1} > \frac{|Q_2|}{T_2} = S_{ab}$), so müsste während des Arbeitszyklus Entropie verschwinden, was der 2. Hauptsatz verbietet.

Somit stellt $\eta = 1 - \frac{T_2}{T_1}$ den **maximal möglichen Wirkungsgrad** eines thermodynamischen Kreisprozesses dar, unabhängig vom Arbeitsmedium und eventuellen Phasenänderungen.

Eine hohe Temperaturdifferenz ist also erstrebenswert, wobei T_2 offensichtlich nicht kleiner als die Umgebungstemperatur sein kann; somit wird versucht, eine hohe Maximaltemperatur T_1 zu erreichen, um eine hohe Temperaturdifferenz und damit einen hohen Wirkungsgrad zu erzielen.

Hier zeigt sich ein grundlegender Nachteil von Dampfmaschinen, wie sie früher verwendet wurden: da dort Wasser nur teilweise zum Verdampfen gebracht wird, kann die Maximaltemperatur nicht über 100°C steigen, weshalb der Wirkungsgrad relativ gering ist; beim Stirlingmotor dagegen wird die Höchsttemperatur nur durch die Belastbarkeit des Materials beschränkt. Daher verwendet man diesen z. Bsp. in Solarthermiekraftwerken, wo Sonnenstrahlen auf einen Punkt gespiegelt werden, sodass dort Temperaturen von 1700 K erreicht werden.

3.2.1 Der Stirlingmotor als Kältemaschine

Betreibt man den Motor nach dem Stirling-Prozess, während er von außen angetrieben wird, kann der Motor als *Kältemaschine* arbeiten, d. h. ein Körper wird unter Erwärmung der Umgebung gekühlt. Dabei kann der Prozess rechts-, aber auch linksgängig ablaufen. Der Unterschied zwischen links- und rechtsgängigem Prozess besteht darin, welcher Teil des Zylinders gekühlt wird, beim linksgängigen wird der untere Teil (mit niedriger Temperatur) gekühlt und der obere (warme) erwärmt, bei rechtsgängigen entsprechend umgekehrt: der kalte Teil wird erwärmt. Das Gas erfährt bei einem linksgängigen Prozess im unteren Teil bei konstanter niederer Temperatur eine Volumenvergrößerung, es nimmt die Wärme Q_{auf} auf (vom zu kühlendem Körper). Die vom Gas aufgenommene (und daher positive) Wärme Q_{auf} entspricht der bei dieser Abkühlung verrichteten Arbeit W_{ab}: $Q_{auf} = W_{ab} = nRT_2 \ln \frac{V_2}{V_1}$ (mit $V_1 < V_2$).
Beim Durchströmen des Regenerators steigt die Temperatur, während das Gas weitere Wärme aufnimmt. Dann wird es bei hoher Temperatur isotherm verdichtet, es gibt die Wärme Q_{ab} an die Umgebung ab. Anschließend kühlt es sich beim Durchströmen des Generators wieder ab. Die für die Verdichtung aufzuwendende Arbeit W_{auf} berechnet sich nach Gl. (8):

$$W_{auf} = Q_{ab} = nRT_1 \ln \frac{V_1}{V_2} = -nRT_1 \ln \frac{V_2}{V_1}.$$

Da $V_2 > V_1$, ist die am Gas verrichtete Arbeit negativ (entsprechend der Festlegung).

Der „Wirkungsgrad" ist allgemein das Verhältnis von Nutzen zu Aufwand; in diesem Fall der Quotient aus der vom gekühlten Körper abgegebenen (also vom Gas aufgenommenen) Wärmemenge Q_{auf} und der für den Wärmetransport nötigen Arbeit $|W_{ges}|$ (dabei muss bedacht werden, dass $W_{ges} < 0$, da Arbeit am Gas verrichtet wird):

$$\varepsilon_K = \frac{\text{Nutzen}}{\text{Aufwand}} = \frac{Q_{auf}}{|W_{ges}|} = \frac{Q_{auf}}{-(W_{auf} + W_{ab})} = \frac{nRT_2 \ln \frac{V_2}{V_1}}{-(-nRT_1 \ln \frac{V_2}{V_1} + nRT_2 \ln \frac{V_2}{V_1})} = \frac{T_2}{T_1 - T_2} \quad (19)$$

Hierbei ist $T_1 > T_2$, dieser Wert kann also kleiner, gleich oder größer 1 sein. Da der „Wirkungsgrad" aber immer kleiner oder gleich 1 sein sollte, spricht man von der *Leistungszahl* ε_K einer Kältemaschine, oder auch von der „Kältezahl".[17] Für ein Rechenbeispiel betrachten wir einen Kühlschrank, der linksgängig betrieben wird: T_1, die höhere Temperatur, sei 25°C, die niedrigere sei $T_2 = 0$°C. Das Arbeitsgas gleiche einem idealen, dann beträgt die Leistungszahl:
$\varepsilon = 1 - \frac{T_2}{T_2 - T_1} = 1 - \frac{273,15K}{25K} \approx 11$.
Veranschaulicht bedeutet das, dass mit 1 kJ Energie eine Wärmemenge von 11 kJ transportiert wird; d. h. mit 4,19 kJ (elektrischer) Energie kann z. Bsp. 1 kg Wasser um 11°C gekühlt werden.

---

[17]siehe Hahne [1] S. 107 ff , S. 260f., S. 363 f., Internetquelle [XIII]

Erhöht sich die Temperaturdifferenz auf 35°C, beträgt die Leistungszahl: $\varepsilon_K = 1 - \frac{T_2}{T_1-T_2} = 1 - \frac{273,15K}{35K} \approx 7,8$. Hier zeigt sich, dass eine höhere Temperaturdifferenz die zur Kühlung nötige Energie extrem ansteigen lässt. Jetzt kann mit 1 kJ Energie nur noch eine Wärmemenge von 7,8 kJ transportiert werden.

3.2.2 Der Stirlingmotor als Wärmepumpe

Bei der Kältemaschine wird einem Körper Wärme entzogen und der Umgebung zugeführt. Im Gegensatz dazu wird von der *Wärmepumpe* der Umgebung Wärme entzogen, die dann dem zu erwärmenden Körper zugeführt wird. Dabei muss der Motor (wie bei der Kältemaschine) extern angetrieben werden. Beim Betrieb als Wärmepumpe wird die zugeführte Energie also nur genutzt, um Wärme von der Umgebung zu einem Körper zu „transportieren", dessen Temperatur sich dadurch erhöht.

Auch hier lässt sich die Leistungs-, oder Wärmezahl ε_W ermitteln: Sie ist der Quotient aus dem Nutzen, also der Wärmemenge Q_{ab}, die dem Körper zugeführt und damit vom Gas abgegeben wird, und der dafür benötigten Arbeit. Analog zur Kältemaschine berechnet sich die Wärmezahl eines linksgängigen Prozesses: [18]

$$\varepsilon_W = \frac{|Q_{ab}|}{|W_{ges}|} = \frac{|Q_{ab}|}{-(W_{auf}+W_{ab})} = \frac{|-nRT_1 \ln \frac{V_2}{V_1}|}{nRT_1 \ln \frac{V_2}{V_1} - nRT_2 \ln \frac{V_2}{V_1}} = \frac{T_1}{T_1-T_2} \qquad (20)$$

Obwohl ein rechtsgängiger Prozess auch als Wärmepumpe und Kältemaschine wirken kann, wird dies normalerweise nicht betrachtet, sodass der Begriff der „Leistungszahl" sich in der Literatur nur auf linksgängige Prozesse bezieht. Für rechtsgängige Prozesse würde gelten:
„$\varepsilon_{W \, rechtsgängig}$" $= \varepsilon_{K \, linksgäng.}$ (und „$\varepsilon_{K rechtsg.}$" $= \varepsilon_{W linksg.}$)
Der Vergleich von Gl. (19) und (20) zeigt: $\varepsilon_W = \frac{T_1}{T_1-T_2} = \frac{T_1-T_2+T_2}{T_1-T_2} = \varepsilon_K + 1$.
Außerdem zeigt sich: die Leistungszahl einer linksgängigen Wärmepumpe ist wegen $T_1 > T_2$ immer größer 1. Des Weiteren ist $\varepsilon_W = \frac{T_1}{T_1-T_2}$ offensichtlich der reziproke Wirkungsgrad des Stirlingprozesses in seiner Verwendung als Motor (d. h. Wärmekraftmaschine). Dies ist leicht verständlich, denn der Stirlingprozess ist im Idealfall reversibel, also ohne Energiezufuhr umkehrbar. Daher darf, wenn eine Maschine erst rechts-, dann linksgängig verwendet wird, insgesamt keine Energie aufgewendet werden. Wir denken uns also eine Maschine, die erst als Motor, dann als Wärmepumpe läuft. Beim Heißluftmotor wird einem Körper Wärme entzogen, die in Arbeit umgewandelt wird. Bei der Wärmepumpe wird derselbe Körper erwärmt, wobei die Arbeit, die der Motor davor verrichtet hat, wieder in Wärme umgewandelt wird. Im reversiblen Fall wird die Anfangstemperatur erreicht, ohne dass von außen Energie zugeführt wurde. Der Gesamtwirkungsgrad ergibt also 1. Dieser berechnet sich aber aus der Multiplikation des Wirkungsgrads der Wärmekraftmaschine mit dem Wirkungsgrad der Wärmepumpe. Folglich ist der Umkehrbruch des Wirkungsgrads der Wärmekraftmaschine gleich der Leistungszahl der Wärmepumpe.

Diese Form des Heizens ist wesentlich effizienter als das direkte Heizen (zum Beispiel mit einer elektrischen Heizung). Um 1 kg Wasser von $T_2 = 293,15$ K (also 20 °C) auf $T_1 = 323,15$ K (entsprechend 50°C) direkt zu erwärmen, benötigt man nach Gl. (2) folgende Wärmemenge Q:

---

[18]siehe Hahne [1] S. 107 ff., Internetquellen [XIV]

$Q = cm\Delta T = 4,2 \cdot 1 \cdot 30$ J $= 126$J. Die Leistungszahl einer derartigen Wärmepumpe beträgt: $\varepsilon_W = \frac{T_1}{T_1-T_2} = \frac{323,15\mathrm{K}}{30\mathrm{K}} \approx 10,8$. Außerdem gilt: $\varepsilon_W = \frac{|Q_{ab}|}{|W_{ges}|}$, und damit ist die tatsächlich benötigte Leistung: $W_{ges} = \frac{Q_{ab}}{\varepsilon_W} = \frac{126\mathrm{J}}{10,8} = 11,7$J.

Das bedeutet, dass für dieselbe Temperaturerhöhung eine Wärmepumpe wesentlich weniger Energie benötigt als bei einer „direkten" Erwärmung, sie also deutlich effizienter arbeitet.

3.3 Auswertung der Versuche mit dem Stirling-Motor

Aufgrund der im Bereich der thermodynamischen Kreisprozesse eingeschränkten Ausstattung mit Messgeräten (es fehlte ein p, V-Indikator ebenso wie ein zweites Thermometer oder ein Gerät zur genauen Ermittlung der Drehzahl), war es nicht möglich, mehr als die folgenden Versuche durchzuführen:

3.3.1 Bestimmung der Reibungsverluste

Bei diesem Experiment wurde der Motor von außen angetrieben, dabei jedoch der Zylinderkopf abgenommen. Außerdem wurde ein (normalerweise zur Druckmessung verwendetes) Loch im Arbeitskolben geöffnet, wodurch die Luft im Zylinder keine Zustandsänderung erfahren kann, da ein Druckausgleich mit der Umgebung immer gewährleistet ist. Dann wurde die Temperaturerhöhung des Kühlwassers gemessen, während der Kolben von außen bei konstanter Drehzahl angetrieben wurde. Über den Kühlwasserdurchsatz lässt sich die zur Temperaturerhöhung nötige Wärmemenge berechnen. Diese Wärme entsteht durch Reibung der Kolben an der Zylinderwand und ist somit die von der Drehzahl abhängige Reibleistung. Die Reibung am Lager ist zur experimentellen Bestimmung zu klein. Bei einem Kühlwasserdurchsatz von $\frac{8\mathrm{ml}}{9\mathrm{s}}$ (der Messfehler liegt bei $\pm0,02\frac{\mathrm{ml}}{\mathrm{s}}$), einer Drehzahl von $n = 3,4$ s^{-1} $\pm 0,1$s und einem Temperaturanstieg um $0,9 \pm 0,05$ K beträgt die Reibleistung nach Gl. (2): $P_{reib} = \frac{m}{t}c\Delta T = \frac{8\mathrm{g}}{9\mathrm{s}} \cdot 4,19\frac{\mathrm{J}}{\mathrm{gK}} \cdot 0,9\mathrm{K} = 3,4$ W. Der Fehler lässt sich mit der Gaußschen Fehlerfortpflanzung berechnen:

$$\Delta P = \sqrt{\left(\frac{\delta P}{\mathrm{d}\frac{m}{t}} \cdot \Delta\left(\frac{m}{t}\right)\right)^2 + \left(\frac{\delta P}{\mathrm{d}(\Delta T)} \cdot \Delta(\Delta T)\right)^2} = \sqrt{\left(c\Delta T \cdot \left(\frac{m}{t}\right)\right)^2 + \left(c\frac{m}{t} \cdot \Delta(\Delta T)\right)^2}$$

$$= \sqrt{(4,19 \cdot 0,9 \cdot 0,04\mathrm{W})^2 + \left(\frac{8}{9} \cdot 4,19 \cdot 0,1\mathrm{W}\right)^2} \approx 0,4W$$

Mit $P = W \cdot n$ ergibt sich als Reibarbeit: $W = P/n = 3,4\mathrm{W}/3,4$ s^{-1} $= 1 \pm 0,06$ J [19] (pro Umdrehung). In der dem Heißluftmotor beigefügten Gebrauchsanweisung war dieser Versuch ebenfalls beschrieben. Dort wird eine Reibarbeit von 1,49 J ermittelt.[20] Dabei wurde jedoch nicht das Loch im Kolbenboden geöffnet, sodass eventuell der Druckausgleich mit der Umgebung nicht vollständig gegeben war. Denn wegen des Regenerators wird die Luft beim Durchströmen des

---

[19]Der Fehler wurde hier wie in den Gleichungen des Kapitels 3.3.2 ebenfalls mit der Gaußschen Fehlerfortpflanzungsformel errechnet; da der Rechenweg somit bekannt ist, wird im Folgenden aus Platzgründen und aufgrund des fehlenden Erkenntnisgewinns auf die genaue Darlegung der einzelnen Rechnungen verzichtet.

[20]siehe Lindberg: [3] S. 15

Verdrängerkolbens gebremst, mit der Folge, dass bei der Aufwärtsbewegung des Arbeitskolbens ein Überdruck zwischen den beiden Kolben entsteht, die Luft also erwärmt wird. Ein Teil dieser Wärme wird im Kühlwasser abgeführt, weshalb die damit ermittelte Wärmemenge nicht nur aus der Reibarbeit entstanden ist, sondern auch aus der Verdichtung der Luft. Ein weiterer Grund für diese Differenz könnte sein, dass die Kühlwassertemperatur während der Messungen abnahm. Da das Wasser vor Beginn des Experiments bereits über eine halbe Stunde gelaufen war und es sich daher bei der Versuchsdurchführung um Frischwasser gehandelt haben wird, ist eine Kühlwassertemperaturveränderung dennoch unwahrscheinlich.
Was in der Rechnung allerdings nicht berücksichtigt wurde, ist der Wärmeaustausch mit der Umgebungsluft.

3.3.2 Bestimmung des Wirkungsgrades

Zur Bestimmung des Wirkungsgrads läuft der Motor als Wärmekraftmaschine, d. h. der Zylinderkopf wird mit einer elektrischen Leistung P_{ele} beheizt. Nach einer gewissen Zeit bleibt die Drehzahl konstant. Die Reibleistung ist die von der Wärmekraftmaschine erbrachte Leistung. Die Reibung drückt sich vor allem als Wärmemenge, die das Kühlwasser erwärmt, aus, zudem wird dieses von der „Abwärme" des Motors erwärmt. Die vom Kühlwasser aufgenommene Wärmemenge ist also die Summe aus Wärme, die beim Prozess abgegeben wird, und der mechanischen Arbeit, die der Prozess erzeugt. Daher stimmt (im Idealfall) die elektrische Leistung mit der Leistung, die das Kühlwasser erwärmt, überein. Im vorliegenden Versuch wurde ein Temperaturanstieg um $\Delta T = 4,2 \pm 0,05$ K gemessen, mit einem Kühlwasserdurchfluss von $\frac{30}{6,5} \pm 0,2 \frac{ml}{s}$. Die abgeführte „Wärmeleistung" beträgt (nach Gl. (2)): $P_{ab} = \frac{cm}{t}\Delta T = 4,19\frac{J}{gK} \cdot \frac{30g}{6,5s} \cdot 4,2K \approx 81 \pm 7W$. Die elektrische Leistung beträgt: $P_{ele} = 9,0V \cdot 9,5A = 85,5 \pm 0,65W$. Beide Ergebnisse gleichen sich, was wohl weniger mit dem verlustarmen Betrieb der Maschine zu begründen ist als damit, dass am Tag der Versuchsdurchführung die Außentemperatur über 30°C lag. Dies hatte sicherlich zur Folge, dass auch eine Wärmemenge aus der Umgebung auf das 21,9°C warme Kühlwasser überging, wodurch die Messungen verzerrt werden. Der Ermittlung des Wirkungsgrades ist davon allerdings nicht betroffen, da die Kühlwassererwärmung darauf keinen Einfluss hat. Bei einer Drehzahl von $n = 3,8 \pm 0,1$ s^{-1} und der oben errechneten Reibarbeit pro Umdrehung beträgt die Reibleistung, also die vom Motor abgegebene mechanische Leistung: $P_{nutz} = P_{reib} = 3,8s^{-1} \cdot 1J = 3,8 \pm 0,25$ W.
Das entspricht einem Wirkungsgrad von $\eta_{mech.} = \frac{P_{nutz}}{P_{ele}} = \frac{3,8W}{85,5W} = 4,4 \pm 0,3\%$.
Messungen an der Oberfläche des warmen Teils des Motors ergaben eine Temperatur von 116°C, somit ist $T_{max} = T_1 =$ ca. 130 ± 10°C. Die Minimaltemperatur T_2 liegt etwas höher als die Kühlwassertemperatur: $T_{min} = T_2 =$ ca. $35 \pm 7,5$°C. Der damit gefundene Wirkungsgrad beträgt: $\eta_{theor.} = 1 - \frac{T_2}{T_1} = 1 - \frac{308,15K}{403,15K} \approx 23,6\% \pm 2,6\%$.
Laut Herstellerangaben beträgt die Verdichtung $\frac{V_1}{V_2} = 1 : 2$, das Minimalvolumen 0,140 l. Nach Gl. (8) lässt sich damit die pro Zyklus zugeführte Wärmemenge Q_{zu} berechnen: $Q_{zu} = nRT_1 \ln\frac{V_2}{V_1} = \frac{0,140 \, l \, 1 \, mol}{22,414 \, l} \cdot 8,3145\frac{J}{mol \, K} \cdot 403,15K \cdot \ln\left(\frac{2}{1}\right) \approx 14,5 \pm 0,4$ J.
Die zugeführte Wärmeleistung beträgt: $P_{zu} = Q_{zu} \cdot n = 14,5J \cdot 3,8s^{-1} \approx 55 \pm 2,1$ W. Das ist die Wärmeleistung, die von der Heizwendel dem Gas zugeführt werden muss, sie entspricht der (genutzten) elektrischen Leistung. Das bedeutet, dass über 30 W (85,5 W$-$55 W) der elektrischen

Leistung nicht zur Erwärmung genutzt werden, wenn die angenommene Temperatur stimmt. Verluste können vor allem dadurch auftreten, dass die Zylinderwände und die umliegende Luft geheizt werden.

Analog zur zugeführten kann auch die abgeführte Wärmemenge berechnet werden:
$|Q_{ab}| = |nRT_2 \ln \frac{V_1}{V_2}| = |\frac{0,140 \mathrm{l \ mol}}{22,414 \mathrm{l}} \cdot 8,3145 \frac{\mathrm{J}}{\mathrm{mol \ K}} \cdot 308,15 \mathrm{K} \cdot \ln\left(\frac{1}{2}\right)| = 11,1 \pm 0,3$ J.

Die theoretisch vom Gas verrichtete Arbeit ist die Differenz der Wärmemengen:
$W_{nutz \ theoret.} = Q_{zu} - |Q_{ab}| = 14,5 \mathrm{J} - 11,1 \mathrm{J} = 3,4 \pm 0,5$ J.

Damit wäre die verrichtete Leistung: $P_{nutz \ theoret.} = W_{nutz \ theoret.} \cdot n = 3,4 \mathrm{J} \cdot 3,8 \mathrm{s}^{-1} = 13 \pm 2 \mathrm{W}$.

Die tatsächlich ermittelte Leistung $P_{nutz} = 3,8$ W stellt gerade einmal 30% der theoretisch verrichteten dar, der Motor hat also große Verluste. Eine Fehlerquelle könnte sein, dass die tatsächliche Reibung höher ist als oben errechnet. Des Weiteren liegt wohl die Minimaltemperatur über den angenommenen 35°C. Doch selbst bei einer Minimaltemperatur von 70°C läge die tatsächliche Leistung um 5 W unter der errechneten.

Eine weitere Fehlerquelle stellt der Regenerator dar, der die Wärme des Gases wohl nicht vollständig speichert und abgibt, sodass von außen Energie zugeführt werden muss, damit das Gas auf T_1 erwärmt wird. Zudem bremst der Regenerator das Gas beim Durchströmen, wodurch weitere Energie „verloren" geht. Außerdem ist sowohl die isochore Temperaturänderung, als auch die isotherme Wärmezu- und -abfuhr nur begrenzt realisierbar: die Zustandsänderungen laufen zu schnell ab, sodass eine vollständige Wärmeübertragung nicht stattfindet. Noch dazu wird – wie bereits erwähnt – nicht nur das Gas aufgeheizt, sondern auch die Zylinderwände und die Umgebung.

Der Stirlingprozess beschreibt also nur sehr vereinfacht den Versuchsmotor, da Verluste durch Wärmeübertragungen, Reibung, den Regenerator etc. in diesem nicht berücksichtigt werden. Derartige Verluste treten aber auch bei modernen, technisch sehr aufwendigen Wärmekraftmaschinen wie z. Bsp. Automobilmotoren oder Gasturbinen in Kraftwerken auf. Folglich reichen selbst bei komplexen Maschinen die tatsächlichen Wirkungsgrade nicht an die theoretisch möglichen heran, Kreisprozesse dienen also mehr der theoretischen Veranschaulichung als der tatsächlichen Beschreibung.

3.4   Auswertung des Versuchs mit der Dampfmaschine

3.4.1   Die Dampfmaschine im p, V-Diagramm [21]

Bevor hier auf die Versuche eingegangen wird, muss die Frage geklärt werden, ob die Dampfmaschine nach einem Kreisprozess funktioniert. Schließlich beträgt die Dampftemperatur während der Vorgänge konstant 100°C, da zugeführte Wärme genutzt wird, flüssiges Wasser zu verdampfen. Außerdem wird – im Normalfall – der Dampf nicht wieder in den Ausgangszustand gebracht. In der von mir untersuchten Dampfmaschine laufen folgende Zustandsänderungen ab:

1. In einem Kessel wird Wasser teilweise zum Verdampfen gebracht. Beim Einströmen von Dampf in den Zylinder muss erst Druck aufgebaut werden, anfangs erfolgt dies (fast) isochor.

2. Der Kolben wird mit Druck beaufschlagt, indem Dampf in den Zylinder strömt. Dabei expandiert der Dampf bei konstantem Druck (isobar), da immer weiter Dampf nachströmt. Während der Expansion wird die Arbeit W_{ab} verrichtet.

---

[21] siehe u. a. Internetquellen [XV]

3. Nun verlässt der Dampf über den Auslass den Zylinder, der Druck auf den Kolben sinkt annähernd isochor.

4. Der Kolben wird bei Umgebungsdruck zurück in seine Ausgangsstellung getrieben, dabei muss die Arbeit W_{zu} von außen verrichtet werden.

Diese Vorgänge stellen im p, V-Diagramm ein Rechteck dar, sind also geschlossen und können damit mit einem Kreisprozess beschrieben werden. Arbeit wird im 2. und 4. Schritt geleistet, die verrichtete Arbeit W_{ges} beträgt: $W_{ges} = W_{ab} - |W_{zu}| = p_{ab} \cdot (V_2 - V_1) - |p_{zu} \cdot (V_1 - V_2)| = p_{ab} \cdot (V_2 - V_1) - p_{zu} \cdot (V_2 - V_1) = (V_2 - V_1)(p_{ab} - p_{zu}) = \Delta V \cdot \Delta p$. Normalerweise wird der Kolben im 4. Schritt von der anderen Seite mit Druck beaufschlagt, sodass die Arbeit pro Zyklus verdoppelt wird.

Diese Formel zeigt anschaulich, dass die insgesamt verrichtete Arbeit der Fläche entspricht, die von den Graphen im p, V-Diagramm umschlossen wird. $W = \Delta V \cdot \Delta p$ ist nämlich die Gleichung für den Flächeninhalt des im p, V-Diagramm umschlossenen Rechtecks.

Bei industriell genutzten Dampfmaschinen wird zur Verbesserung des Wirkungsgrads der Dampf nach der Isothermen beim 3. Schritt noch adiabatisch expandiert, außerdem verhindert eine adiabatische Kompression beim 1. Schritt, dass der Zylinderraum erst mit Dampf gefüllt werden muss, bevor Arbeit verrichtet wird, was den Wirkungsgrad weiter steigert.

Darstellung im p, V-Diagramm: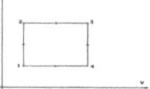

3.4.2 Versuchsauswertung

Bei dem Versuch zog die oben beschriebene Dampfmaschine ein Gewicht auf eine bestimmte Höhe Δh, dabei wurde die dafür benötigte Zeit gemessen. Diese schwankte im Verlauf der Messungen stark, da der Druck p_{ab} nicht konstant war. Dieser hängt nämlich davon ab, wie viel Zeit zwischen den Messungen vergeht. Während dieser Zeit musste z. Bsp. das Gewicht auf die Anfangshöhe zurückgebracht werden, dabei konnte die Dampfmaschine nicht arbeiten, es steigt also der Druck im Kessel. Dieser Effekt kann auch nicht dadurch verhindert werden, dass die Zeit zwischen den Messungen festgelegt wird. Denn der Druck steigt bei zunehmender Zeit, da wegen der kontinuierlichen Erwärmung des Kessels immer mehr Wärme zugeführt ist. Weiteren Einfluss hat die Reihenfolge der Messungen. Anfangs ist der Druck aufgrund der noch geringen Erwärmung nicht groß, steigt dann an, bei späteren Messungen ist bereits so viel Arbeit verrichtet worden, dass der Druck im Kessel abgenommen hat. Die Leistung errechnet sich mit $P = \frac{mg\Delta h}{t}$. Hier eine Auswahl der Messergebnisse:

Höhe=1,00 m							
Gewicht m	20 g				50 g		100 g
Zeit t	19,2 s	10,2 s	5,8 s	4,8 s	4,6 s	3,5 s	4,6 s
Leistung P	0,01 W	0,02 W	0,03 W	0,04 W	0,11 W	0,14 W	0,21 W

Offensichtlich schwankt die Leistung (und damit der Druck im Inneren) der Dampfmaschine wesentlich.

4 Schluss: Thermodynamik im Alltag

Diese Arbeit hat hoffentlich einen ausreichenden Überblick über thermodynamische Kreisprozesse, zugehörige Begriffe und Gleichungen gegeben. Doch Thermodynamik umfasst viel mehr als nur physikalische Formeln, für Laien unverständliche Sätze oder Begriffe, die im gewöhnlichen Sprachgebrauch nicht verwendet werden. Sagen wir, Sie beginnen ihren Tag damit, warm zu duschen. In Ihrem Heizkessel wird Öl oder Gas verbrannt. Rund um den Kessel laufen Rohre, durch die Wasser fließt. Das Wasser erwärmt sich, im Gegenzug kühlt der Kessel ab, es sei denn, durch Verbrennung entsteht neue Wärme. Wenn Sie anschließend Tee trinken wollen, verwenden Sie dazu einen elektrischen Wasserkocher, der das Wasser erwärmt, bis dieses kocht, bis es also seinen Aggregatzustand zu ändern beginnt. Währenddessen öffnen Sie die Kühlschranktür, ohne auch nur daran zu denken, wieso der Kühlschrank innen kalt ist. Zurück zum Tee, besser gesagt zum Teebeutel: anfangs befinden sich alle aromatisierenden und farbgebenden Moleküle innerhalb des Beutels, doch kurz nach dem Eintauchen in das heiße Wasser färbt sich dieses. Sie können bis zu Ihrem Lebensende jeden Morgen Tee kochen, doch nie werden Sie feststellen, dass sich der Tee spontan entfärbt und alle Moleküle ohne äußeren Einfluss in den Beutel zurückkehren. Auch das hängt über den Entropiebegriff mit der Thermodynamik zusammen. Weiter mit dem Tee, dieser ist noch zu heiß, um getrunken zu werden. Also bleibt er ein paar Minuten stehen, um abzukühlen. Dabei erwärmt sich die Umgebungsluft unmerklich. Alle Wärmeübergänge im Alltag aufzuzählen, würde den Umfang dieses Schlusses sprengen, deshalb verlassen Sie jetzt das Haus und kommen zu dem Paradebeispiel der Thermodynamik: Ihrem Auto – oder, besser gesagt, dem Herzstück Ihres Autos – dem Motor. Kein thermodynamischer Kreisprozess findet so oft Verwendung wie der Diesel- und der Ottoprozess, der die Funktionsweise eines Automobilmotors beschreibt. Ob in riesigen Frachtern 2800 Tonnen (!) schwere Schiffsdiesel mit 100 MW Leistung Schweröl verbrennen, ob 20-zylindrige Notstromaggregate im Ernstfall die Versorgung sichern oder ob Flugzeuge die entlegensten Regionen anfliegen, meist sorgt ein Verbrennungsmotor für die – oft gewaltige – Leistung. Auch Ihr Auto wird dadurch beschleunigt, genauso wie der 40-Tonner-LKW neben Ihnen. Genauso wie das Motorrad, dessen Kolben den Druck von 7000 Zündungen pro Minute aushalten, oder auch wie der Zweitakter, der sich an der Ampel frech nach vorne schlängelt. Vielleicht stehen Sie an der Tankstelle und fragen sich, wieso ein Dieselmotor immer weniger verbraucht als ein Benziner, vielleicht wundern Sie sich über die Behauptung, dass Aral Ultimate mit 102 Oktan (oder auch Shell V-Power) mehr Leistung bei weniger Verbrauch bringen soll. Falls Sie jedoch generell das Tanken (oder das Bezahlen danach) satt haben und nicht mit dem Auto zur Arbeit fahren, sondern mit Hilfe öffentlicher Verkehrsmittel, entkommen Sie selbst auf diese Weise nicht der Abhängigkeit von thermodynamischen Kreisprozessen. Denn bis der Strom rein mit Photovoltaikanlagen oder aus Windkraft gewonnen wird, erzeugen Gas- und Kohlekraftwerke den Rest mit Turbinen, die durch den Ericsson-Prozess beschrieben werden. Die Thermodynamik mag in unseren Gedanken keine große Rolle spielen, aus unserem Leben aber ist sie nicht wegzudenken. Und sollten Sie immer noch nicht genug Informationen erhalten haben, empfehle ich, etwas zu essen. Fasst man nämlich die Entropie als Menge an Informationen auf, so liefert Nahrung mit seinem festgelegten Aufbau aus Atomen wesentlich mehr davon als jede noch so ausführliche Seminararbeit es könnte.

5 Anhang

5.1 Zu 2.1

Zuerst die Definition eines idealen Gases. Sie lautet:

> *Ein Gas, das in allen Temperaturbereichen sowohl das Gay-Lussacsche als auch das Boyle-Mariottesche Gesetz befolgt und für das immer $\beta = \gamma = \frac{1}{T_0} = \frac{1}{273,15K} = 3,661 \cdot 10^{-3}(°C)^{-1}$ gilt, heißt ideales Gas.*[22]

Zur Herleitung der allgemeinen Gasgleichung: Das **Gesetz von Gay-Lussac**, auch Gesetz von Charles, besagt, dass das Volumen eines Gases bei konstantem Druck direkt proportional zur Temperatur ist:

$$\frac{V_1}{V_2} = \frac{T_1}{T_2}$$

Dieses Gesetz wird in der Regel als Gesetz von Charles bezeichnet und ist eine Herleitung aus dem eigentlichen Gesetz von Gay-Lussac:

$$V_\vartheta = V_0(1 + \gamma \cdot \vartheta)$$

Wobei V_0 nicht beliebig, sondern das Volumen bei $T_0 = 0°C$ darstellt. Das hat zur Folge, dass sich ein ideales Gas bei einer Erwärmung um $1°C$ immer um den gleichen Betrag ausdehnt, nicht um den gleichen Bruchteil seines Volumens. γ heißt der Volumenausdehnungskoeffizient bei T_0 und ist, wie der Definition bereits entnehmbar, der Kehrwert von $T_0 = 273,15$ K;

Das **2. Gesetz von Gay-Lussac**, auch Gesetz von Amontons, beschreibt den Zusammenhang zwischen Druck und Temperatur bei konstantem Volumen (und Teilchenzahl) eines Gases:

$$\frac{p_1}{p_2} = \frac{T_1}{T_2} \quad \text{und analog} \quad p_\beta = p_0(1 + \beta \cdot \vartheta)$$

Das Verhältnis von Druck und Volumen bei konstanter Temperatur (und Teilchenzahl) wird durch das **Gesetz von Boyle-Mariotte** beschrieben:

$$p \cdot V = const. \quad \text{oder} \quad \frac{p_1}{p_2} = \frac{V_2}{V_1}$$

Mit Hilfe dieser Gesetze, bei denen immer eine Zustandsgröße (p, V oder ϑ) konstant war, lässt sich nun die allgemeine Gasgleichung aufstellen, in der die Abhängigkeit der Temperatur, des Druckes und des Volumens voneinander gleichzeitig beschrieben wird.

Dafür denken wir uns eine Zustandsänderung eines idealen Gases (konstante Teilchenzahl) mit p_1, V_1, T_1 als Anfangszustand zum Endzustand p_2, V_2, T_2 in zwei Schritten: erst erwärmen wir das Gas bei V_1=const. auf T_z, p_1 ändert sich:

$$\frac{T_z}{T_1} = \frac{p_z}{p_1} \quad \text{also} \quad p_z = \frac{p_1 T_z}{T_1}$$

Nun ändern wir den Druck p_z auf p_2, allerdings bleibt die Temperatur $T_z = T_2$ konstant, das Volumen verändert sich nach Boyle-Mariotte:

---

[22]siehe u.a. Kuhn [2] S. 48ff., Lindner [4], S. 190 ff.

$$\frac{p_z}{p_2} = \frac{V_2}{V_1} \quad \text{also} \quad p_z = \frac{p_2 V_2}{V_1}$$

gleichgesetzt also:

$$p_z = \frac{p_1 T_2}{T_1} = \frac{p_2 V_2}{V_1}$$

und damit:

$$\frac{p_1 V_1}{T_1} = \frac{p_2 V_2}{T_2} \quad \text{oder} \quad \frac{p \cdot V}{T} = const.$$

Die Gesetze von Boyle-Mariotte und Gay-Lussac sind offensichtlich Sonderfälle der allgemeinen Gasgleichung.

5.2 Zu 2.4.2

Gleichung (7) lautet:

$$C_{m,p} n \cdot \delta T = C_{m,v} n \cdot \delta T + p \cdot \delta V$$

Umformen und integrieren ergibt:

$$\int n(C_{m,p} - C_{m,v}) dT = \int p \cdot dV => n(C_{m,p} - C_{m,v})T = pV$$

Mit der universellen Gasgleichung pV=nRT (5) ergibt sich:

$$R = C_{m,p} - C_{m,v}$$

Das bedeutet, das die Differenz der spezifischen Molwärmen gleich der universellen Gaskonstante ist.

5.3 Zu 2.4.4

Für die Arbeit bei adiabatischen Vorgängen gilt: $W = nC_{m,v}(T_1 - T_2)$.
Die Gleichungen $R = C_{m,p} - C_{m,v}$ und $\kappa = \frac{C_{m,p}}{C_{m,v}}$ liefern:

$$W = nC_{m,v}\frac{\kappa - 1}{\kappa - 1}(T_1 - T_2) = n\left(\frac{C_{m,v}}{\kappa - 1}\right)\left(\frac{C_{m,p}}{C_{m,v}} - 1\right)(T_1 - T_2)$$

$$= n\left(\frac{C_{m,v}}{\kappa - 1}\right)\left(\frac{R}{C_{m,v}}\right)(T_1 - T_2)$$

also

$$W = \frac{nR}{\kappa - 1}(T_1 - T_2)$$

6 Quellenverzeichnis

Literatur

[1] Hahne E.: „*Technische Thermodynamik – Einführung und Anwendung*" 3. überarb. Auflage: Wien: Oldenburg, 2000

[2] Kuhn W.: „*Physik - Band III B: Thermodynamik und Statistik*", Braunschweig: Westermann 1976

[3] Lindberg A.: „*Heißluftmotor – Versuche zur Thermodynamik der Kreisprozesse*", Köln: Leybold-Heraeus 1982

[4] Lindner H.: „*Physik für Ingenieure*" Lizenzausgabe der 3. Auflage, Druck: Naumburg (Saale): Vieweg; C. F. Winter, 1969

[5] „*Der Brockhaus – Lexikon in 5 Bänden*" , Leizig: F. A. Brockhaus GmbH, 2000

[6] „*Heißluftmotor, pV-Indikator – Gebrauchsanweisung*", Köln: Leybold-Heraeus 1982

Internetquellen

[I] http://de.wikipedia.org/wiki/Dampfschiff
http://de.wikipedia.org/wiki/Dampfmaschine
http://de.wikipedia.org/wiki/Dampflokomotive und
http://www.waermekraft.wissenstexte.de/dampf.htm
alle zuletzt aufgerufen am 30. Januar 2014

[II] http://de.wikipedia.org/wiki/August_Karl_Krönig
http://de.wikipedia.org/wiki/Rudolf_Clausius und
http://de.wikipedia.org/wiki/Ludwig_Boltzmann
http://de.wikipedia.org/wiki/Phlogiston
alle zuletzt aufgerufen am 30. Januar 2014

[III] http://de.wikipedia.org/wiki/Thermische_Zustandsgleichung_idealer_Gase
http://de.wikipedia.org/wiki/Ideales_Gas
alle zuletzt aufgerufen am 30. Januar 2014

[IV] http://de.wikipedia.org/wiki/Molare_Wärmekapazität
http://www.leifiphysik.de/themenbereiche/innere-energie-waermekapazitaet
alle zuletzt aufgerufen am 30. Januar 2014

[V] http://www.uni- ulm.de/fileadmin/website_uni_ulm/nawi.inst.251/Didactics/thermodynamik/INHALT/HS1.HTM
zuletzt aufgerufen am 30. Januar 2014

[VI] http://de.wikipedia.org/wiki/Enthalpie
zuletzt aufgerufen am 30. Januar 2014

[VII] http://de.wikipedia.org/wiki/Vollständiges_Differential
http://lp.uni-goettingen.de/get/text/6979
beide zuletzt aufgerufen am 30. Januar 2014

[VIII] http://de.wikipedia.org/wiki/Isentropenexponent
zuletzt aufgerufen am 30. Januar 2014

[IX] http://de.wikipedia.org/wiki/Entropie_(Thermodynamik)
http://de.wikipedia.org/wiki/Isenthalp
http://www.uni-ulm.de/fileadmin/website_uni_ulm/nawi.inst.251/Didactics/thermodynamik/
INHALT/ENTROPIE.HTM
http://physik.wissenstexte.de/entropie.htm
http://www.peter-junglas.de/fh/vorlesungen/thermodynamik2/html/kap1-5.html
http://www.soft-matter.uni-tuebingen.de/index.html?http://www.uni-
tuebingen.de/uni/pki/skripten/skripten.html
http://www.youtube.com/watch?v=4VS0LR5iIMU
http://www.youtube.com/watch?v=nnCa2oS5D2w
http://www.youtube.com/watch?v=z64PJwXy-8
alle zuletzt aufgerufen am 30. Januar 2014

[X] http://de.wikipedia.org/wiki/Thermodynamik
http://de.wikipedia.org/wiki/Thermodynamischer_Kreisprozess
http://www.uni-tuebingen.de/uni/pki/skripten/skripten.html
alle zuletzt aufgerufen am 30. Januar 2014

[XI] http://de.wikipedia.org/wiki/Carnot-Prozess
http://www.uni-marburg.de/fb15/ag-hampp/lehre/pdfss09/rep06carnot
http://www.fsmpi.uni-bayreuth.de/thermo/kreisbsp.html
http://m.schuelerlexikon.de/phy_abi2011/Carnotscher_Kreisprozess.htm
alle zuletzt aufgerufen am 30. Januar 2014

[XII] http://de.wikipedia.org/wiki/Stirling-Kreisprozess
http://de.wikipedia.org/wiki/Stirlingmotor
http://de.wikipedia.org/wiki/Regenerator
http://en.wikipedia.org/wiki/Stirling_engine
http://m.schuelerlexikon.de/phy_abi2011/Stirlingscher_Kreisprozess.htm
alle zuletzt aufgerufen am 30. Januar 2014

[XIII] http://de.wikipedia.org/wiki/Leistungszahl
http://de.wikipedia.org/wiki/Kältemaschine
alle zuletzt aufgerufen am 30. Januar 2014

[XIV] http://de.wikipedia.org/wiki/Wärmepumpe
http://www.ihks-fachjournal.de/waermepumpen-die-sparsame-und-oekologische-
heizungsalternative
alle zuletzt aufgerufen am 30. Januar 2014

[XV] http://www.umwelt-campus.de/ k.brinkmann/Publications/Dampfmaschine-pdf.pdf
http://www.waermekraft.wissenstexte.de/dampf.htm
http://de.wikipedia.org/wiki/Dampfmaschine
alle zuletzt aufgerufen am 30. Januar 2014

weitere Quellen, auf die sich größtenteils „u. a." bezieht:
http://de.wikipedia.org/wiki/Exergie
http://de.wikipedia.org/wiki/Wärme-Kraft-Prozess
http://de.wikipedia.org/wiki/Wärmeäquivalent
http://de.wikipedia.org/wiki/Avogadrosches_Gesetz
http://www.soft-matter.uni-tuebingen.de/index.html
http://www.peter-junglas.de/fh/vorlesungen/skripte/thermodynamik1.pdf
http://bio.physik.uni-wuerzburg.de/fileadmin/vorlesungen/thermo/Thermodynamik_04_.pdf
http://www.hexle-online.de/Bilder/Uni/Kap_V.pdf
http://www.ahoefler.de/thermodynamik/kreisprozesse/kreisprozesse.php
alle zuletzt aufgerufen am 30. Januar 2014